# MÉMOIRE
## SUR LA CULTURE
### ET LES AVANTAGES
# DU CHOU-NAVET
## DE LAPONIE;

Lu à l'Assemblée publique de l'Académie Royale des Sciences, Arts & Belles-Lettres de Nancy, le 25 Août 1787.

PAR

M. SONNINI DE MANONCOURT, *ancien Officier de Marine, Correspondant du Cabinet du Roi, Membre de l'Académie Royale des Sciences & Belles-Lettres de Nancy, &c. &c.*

A PARIS,

Chez NÉE DE LA ROCHELLE, Libraire.
Et à l'Hôtel de Calais, rue Coquillière.
A *Strasbourg*, chez SALSEMANN, Libraire académique.
A *Metz*, chez DEVILLIER, Libraire.
A *Colmar*, chez FONTAINE, le jeune, Libraire.
A *Nancy*, chez BONTHOUX, Libraire.

---

M. DCC. LXXXVIII.

*AVEC PRIVILEGE DU ROI.*

*Je n'ai garde de vouloir insinuer que les recherches & les observations que j'ai faites, soient des découvertes admirables. Je dois avertir, au contraire, que ce sont des choses communes, mais que leur utilité peut rendre importantes.* Buffon, Suppl. à l'Hist. Nat. Mém. sur la culture & l'exploitation des Forêts.

## AVERTISSEMENT.

CE Diſcours que j'avois lu dans une Aſſemblée particulière de l'Académie de Nancy, trois mois environ avant que de le prononcer à la Séance publique du 25 Août, devoit être imprimé dans la même année; mais arrêté par des maladies longues & fréquentes, embarraſſé par un enchaînement d'affaires importantes & ſérieuſes, il m'a été impoſſible de m'occuper de ſa publication.

Je profite du premier moment de relâche pour le mettre au jour; heureux ſi je puis enfin jouir de quelques loiſirs qui me permettent de préſenter auſſi au Public le réſultat de plus de douze années de recherches & d'obſervations dans les diverſes parties de notre globe.

L'on voudra bien ſe ſouvenir de l'époque à laquelle ce Mémoire a été composé; cette attention suffira pour l'explication de quelques circonstances qui ne sont plus à présent les mêmes. Au reste les changemens sont peu essentiels, & n'influent en rien sur l'objet principal de l'Ouvrage. Il sera bon encore de se rappeler que c'est en Lorraine que j'ai fait mes essais & que j'ai écrit. Ce que j'ai dit convient assurément à beaucoup d'autres Pays : il en est aussi, où le climat, la situation, le sol, le régime champêtre sont assez différens pour que les mêmes principes & la même culture ne puissent pas également convenir; mais en les modifiant suivant ces variétés, tout Agriculteur judicieux saura les adapter à sa position.

# MÉMOIRE
## SUR
# LE CHOU-NAVET
## DE LAPONIE.

*MESSIEURS,*

LE goût de la ſcience la plus utile eſt aujourd'hui répandu généralement; preſque toutes les autres ſciences, preſque tous les arts ſe ſont empreſſés à l'envie de concourir au perfectionnement de l'économie rurale. Les Gouvernemens éclairés ſur la vraie ſource de richeſſes, ont publié des lois ſages, des inſtructions ſalutaires, ont prodigué des encouragemens bien dirigés; &

ce qui eſt vraiment un triomphe pour la philoſophie, c'eſt que la mode qui avoit dédaigné juſqu'alors tout ce qui ne portoit pas l'empreinte de la frivolité, par un caprice qu'on ne lui reprochera jamais, a voulu étendre auſſi ſon empire ſur l'agriculture. Mais encore agitée par les variations fréquentes & quelquefois un peu follement accumulées du luxe & de ſes fantaiſies, comme un courſier fougueux qui n'auroit pas connu de frein, elle a fait dans ce nouveau domaine, des bonds, des écarts qui y ont jetté une certaine confuſion. L'agronomie, ſous ſes lois, n'a plus été qu'agromanie. Néanmoins les excès dans les genres très-utiles ne ſont pas eux-mêmes ſans quelqu'utilité. Ce ſont des points extrêmes qu'il eſt bon de connoître. Ils réſervent à fixer les bornes & à établir les principes. Telle eſt la tâche que ſe ſont impoſée les Académies, les Sociétés d'Agriculture; telle eſt celle que notre Compagnie, toujours fidelle à ſes ſtatuts, (1) a le plus à cœur, & nos Concitoyens citent avec reconnoiſſance les ouvrages & les ſuccès de pluſieurs de ſes Membres (2).

---

(1) Staniſlas le Bienfaiſant en inſtituant l'Académie de Nancy, a voulu que ſes travaux fuſſent principalement dirigés vers le bien Public.

(2) Pour n'en citer qu'un exemple, je ne puis mieux choiſir qu'en déſignant le Mémoire couronné par l'Académie de Metz, & compoſé par M. Durival, le jeune, ſur la culture de la Vigne; il renferme d'excellens préceptes; c'eſt l'ouvrage d'un homme d'eſprit & d'un phyſicien cultivateur.

Des Savans diſtingués ont établi une théorie lumineuſe ; ils ont ſubſtitué des préceptes fondés ſur le raiſonnement & ſur l'expérience, à une pratique, diſons mieux, à une routine aveugle ; les Duhamel, les Daubenton, les Fougeroux, les Tillet, les Parmentier, &c. &c. &c. par leurs obſervations & par leurs découvertes, ont comblé l'eſpace qui ſe trouvoit entr'eux & les Auteurs économiques de l'antiquité ; & Buffon, l'immortel Buffon, d'une main ſavante & exercée, a tracé des règles ſur une partie importante de l'agriculture. Son génie avoit peint la nature ; quel autre pouvoit mieux enſeigner à la féconder ? (1)

Nous ne pouvons nous diſſimuler que la Lorraine ne ſoit une des Provinces qui préſente le plus d'obſtacles à des changemens avantageux & à des combinaiſons raiſonnées dans la culture des terres. Sans parler des inconvéniens qui tiennent au régime des Campagnes, de ce droit abuſif de parcours ſi nuiſible à la propriété, des opérations ruineuſes que ſavent multiplier les ſuppôts trop nombreux des juſtices ſubalternes (2) &c.

---

(1) M. de Buffon a enſeigné la méthode de ſemer, d'entretenir & de perfectionner les bois. *Voyez* les Suppl. à l'Hiſt. Nat.

(2) C'eſt principalement dans les Cantons éloignés de la Capitale que ces petits tyrans exercent avec plus d'avantage les pratiques ſourdes de leur art ténébreux. L'on ne peut s'imaginer juſqu'à quel point déſaſtreux elles ſont portées. Je me propoſe de les faire connoître dans un autre Mémoire.

il n'en eſt point où les anciennes routines ſoient plus enracinées & les pratiques ſuperſtitieuſes plus généralement adoptées. Elle a beſoin de lumières, de protection, d'encouragement, & elle voit avec tranſport tout ce qu'elle a droit d'attendre de la nouvelle forme d'adminiſtration qui va la gouverner & qui eſt pour elle le plus grand bienfait qu'elle ait pu recevoir du Souverain. (1)

Dans ces circonſtances heureuſes, je me félicite d'être le premier à élever la voix en faveur de l'agriculture, à faire part de quelques connoiſſances acquiſes par une aſſez longue expérience. Je me félicite d'en parler devant un Confrère, devenu l'un des principaux Membres de notre Adminiſtration, & que les vertus, encore plus què ſes talens, ont fait diſtinguer par le titre honorable de Citoyen (2). Je me félicite ſur-tout, en faiſant hommage de mes travaux à ma Patrie, d'être à portée de l'adreſſer au Prélat qui préſide l'Académie & que les vœux des Lorrains appeloient depuis long-temps à la place importante, que le Roi, dans ſa juſtice & dans ſa bienfaiſance, vient de lui confier. (3)

(1) L'établiſſement de l'Aſſemblée Provinciale.

(2) M. Coſter, ancien premier Commis des Finances, Syndic de l'Aſſemblée Provinciale de Lorraine, & Auteur de pluſieurs ouvrages d'Adminiſtration.

(3) M. de Fontanges, Evêque de Nancy, Directeur de l'Académie, & Préſident de l'Aſſemblée Provinciale de Lorraine.

Ces travaux, Messieurs, sont le fruit de six années de repos, qu'au retour de voyages longs & pénibles, j'ai consacrés à la culture des terres. J'ai fait beaucoup d'essais; j'ai suivi les procédés que divers Écrivains ont indiqués; mais il s'en faut bien qu'un égal succès ait couronné toutes mes tentatives. En cherchant à acquérir des Plantes nouvelles pour notre Province, & à en rendre la culture facile, & sur-tout avantageuse, plusieurs, il en faut convenir, n'ont pas répondu aux brillantes annonces qui en avoient été faites. Mais, en même temps, je dois à la vérité, & plus encore à l'utilité de mon pays, de publier que quelques-unes de ces Plantes exotiques m'ont réussi au-delà de toute espérance. Je me bornerai, dans ce moment, à avoir l'honneur de vous en annoncer une espèce qui m'a paru la plus profitable, & que je regarde comme une acquisition très-importante. Dans le temps où ce qui paroissoit purement utile étoit étranger, insipide même à la multitude, je me serois bien gardé d'entretenir cette assemblée nombreuse & brillante des opérations minutieuses de la culture; mais à présent que, sans abandonner les objets d'agrémens, témoins incontestables de la délicatesse exquise de notre goût, les esprits se tournent également vers les sujets sérieux, & principalement vers ceux qui peuvent contribuer au bonheur des hommes; que tout ce qui tend au bien est anobli à tous les yeux, je parlerai, avec assurance, des détails champêtres, & j'en parlerai avec cette simplicité, & autant que je le pourrai, avec cette précision qui ne laisse d'autre intérêt à la chose que celui de la chose même. Voyageur par état, cultivateur par goût, les ornemens du style me sont étrangers; & si j'avois à traiter un sujet qui en fût susceptible, je ferois valoir mes droits à votre indulgence.

Il ne peut y avoir d'exploitation de terres florissante & prospère, que par l'abondance des fourrages. C'est une vérité que tous les laboureurs reconnoissent, & qui peut passer pour un des premiers axiomes agricoles. Comment se fait-il néanmoins que cette partie essentielle de l'agronomie soit la plus négligée parmi nous? Nos prés que l'on s'obstine à laisser éternellement en prés, se couvrent de mousse qui ne permet plus à l'herbe de croître, & qui en fait périr les racines: des plantes nuisibles s'y multiplient & s'y perpétuent, & lorsque par des engrais abondans, choisis & répandus avec intelligence, on ne soutient pas une végétation languissante & embarrassée, les récoltes diminuent successivement, & finissent par ne plus être que chétives ou médiocres. L'inconstance des saisons, divers accidens, rendent d'ailleurs ces récoltes précaires. Nos rivières, par exemple, dont la source peu éloignée se trouve dans nos montagnes, en portant avec leurs eaux la fraîcheur & la fertilité dans nos plaines, en deviennent aussi la désolation, lorsque vers le solstice d'été, époque presque certaine d'une variation dans l'atmosphère, par des inondations subites & désastreuses, elles viennent à renverser l'herbe prête à être coupée, & à la couvrir d'un mélange de sable & de limon qui la rend inutile(1).

La Lorraine passe avec raison pour un pays de fourrages. De vastes & nombreuses prairies en tapissent le sol ; mais si l'on mesuroit la surface du terrain qu'elles occupent, si on en calculoit annuellement le produit, on trouveroit que, comparé à la superficie, ce produit n'est pas dans une proportion très-avantageuse, ou du moins qu'il est loin d'atteindre au point où il pourroit être porté. S'il restoit quelque doute à ce sujet, l'on se con-

---

(1) C'est-ce qu'on appelle *foin terré*. Les chevaux ni le bétail ne le mangent point, les moutons seuls, moins délicats, peuvent le consommer, après que battu & secoué, il a été débarrassé de la plus grande partie du limon qui le couvroit; mais on conçoit, sans peine, que ne pouvant être dégagé entièrement de cette croute terreuse, il ne peut offrir qu'une mauvaise nourriture, source de plusieurs maladies.

Il n'est presque point d'années où les Cultivateurs ne puissent éviter le risque de voir leur foin *terré*; il ne s'agiroit que de faucher quelques jours avant le solstice. Dans ce temps, l'herbe est généralement bonne à couper, meilleure même qu'après la St. Jean, terme superstitieusement sacré, avant lequel ils ne pensent jamais à faucher leurs prés. Ils attendent, disent-ils, que l'herbe soit mûre, & ils la coupent à moitié desséchée, & lorsque la semence est entièrement formée & presque mûre. L'expérience leur a cependant montré que le foin récolté quand il est encore un peu vert, conserve plus de parfum, & fournit une nourriture plus succulente & plus agréable pour les animaux.

vaincra, ſi l'on conſidère que nos agriculteurs les plus intelligens, en admettant les prairies artificielles, conviennent d'une manière évidente, quoique tacite, que le rapport de leurs prés, tout multipliés qu'ils ſont, eſt modique & inſuffiſant à leur exploitation.

Quelque varié que l'on ſuppoſe ce nouveau genre de culture, il n'eſt point propre à toutes les ſituations ; il l'eſt encore moins à tous les cultivateurs, parce qu'il exige des avances, des dépenſes, des ſoins que les riches propriétaires, ou les fermiers aiſés peuvent ſeuls ſupporter. D'ailleurs on n'a pas fait attention qu'en ſacrifiant aux prairies artificielles des champs deſtinés aux grains, & en laiſſant ſubſiſter en même temps les prés dans leur état de dépériſſement, l'on ne remédioit au mal que très-foiblement ; qu'en enlevant une portion de terre aux denrées de première néceſſité, l'on ne ſe trouvoit qu'un bénéfice très-léger & proportionnel à la différence du prix des grains avec la valeur des fourrages, & encore avec les frais & les erreurs qu'entraîne ſouvent une culture à laquelle on n'eſt point exercé ; qu'il n'en reſtoit pas moins un eſpace conſidérable, dont les productions étoient au-deſſous de ce qu'elles devoient être, & qu'enfin l'avantage, s'il y en avoit réellement, ne pouvoit tourner au bien général. C'étoit donc dans l'emplacement des prés uſés ou languiſſans qu'il falloit ſemer les plantes deſtinées à la nourriture des animaux ; & ſi par leur position; ou par la nature de leur sol, ils n'en étoient pas susceptibles, il falloit les couvrir de grains dans la même proportion que l'on auroit distrait de terres à grains, pour les convertir en nature de fourrages. Le revenu n'est pas toujours en raison de l'étendue du terrain ; quelques arpens de prairies artificielles, bien soignées, sont d'un très-grand rapport. Mais, soit défaut de connoissances, soit manque d'activité, peu de gens s'occupent de les bien soigner. Dans le canton que j'habite, l'on a prétendu qu'elles ne réussissoient pas ; j'ai vu seulement que de la manière dont on s'y prenoit, il étoit difficile qu'elles eussent du succès. (1)

D'un autre côté, s'il est des agriculteurs habiles, il y en a, & c'est malheureusement le plus grand nombre, qui manquent également d'intelligence, & de la faculté de raisonner juste : la plupart ne voient de profitable dans leurs opérations que ce qui leur rapporte immédiatement & promptement du numéraire, quoiqu'en petite quantité: une spéculation mieux fondée, qui augmenteroit ce numéraire, mais dont le but, non moins certain, seroit un peu plus éloigné, suffit pour les dégoûter. Un terme intermédiaire devient, pour eux, complication & les embarasse.

---

(1) Plusieurs Auteurs ont traité des prairies artificielles. Voyez sur-tout M. Duhamel, M. l'Abbé Rosier, M. Sarcey de Sutieres, &c. &c. &c.

Ils ſe regardent comme ſimples, & ils ne ſont que ſtupides. Ils ſavent que le froment, l'orge, l'avoine, leur procureront, à point nommé, l'argent avec lequel ils acquittent les impoſitions royales, les charges de Communauté, & payent à demi les marchands, les ouvriers, les miniſtres de la chicane, &c. ſans ſonger qu'avec des fourrages, outre que les récoltes des grains ſeroient mieux fournies, ils auroient plus de moyens de rendre leur condition meilleure : ils abandonnent ou négligent le bétail & les importantes reſſources qu'il procure, pour ſe hâter de ſemer d'une manière miſérable & ſur une terre appauvrie, du blé, de l'orge ou de l'avoine ; ils conſomment leur ruine en s'empreſſant encore plus de les vendre à un prix très-bas, ſouvent dans la grange, avant le battage, quelquefois même dans le champ avant la moiſſon, à des monopoleurs, à des uſuriers, qui, peu de temps après, leur revendent une fois plus qu'ils ne les ont achetés. Ils acquièrent des attelages, ſans ſavoir s'ils pouront les nourrir. J'en ai eu devant les yeux, qui, pouſſés par la triſte paſſion de l'envie, dont l'influence ſe fait ſentir ſous le chaume, comme ſous les lambris des grands ; excités d'ailleurs, leurrés & déçus par des propriétaires ſordidement avides, prenoient, fort au-deſſus de leur valeur, des fermes dans leſquelles il n'entroit aucune pièce de prairies. Bientôt les animaux employés à des labours forcés, ſans moyens de ſubſiſtance, languiſſent énervés par la famine, ſuccombent, & périſſent excédés par un travail qu'ils ſupporteroient à peine dans un état d'abondance. La terre n'eſt que légèrement écraſée, au lieu d'être profondément déchirée. Sans engrais, comme ſans culture convenable, elle ne produit pas à beaucoup près de quoi payer le propriétaire. Mais, en aviliſſant l'ame, le honteux intérêt qui ne ſait que calculer, la rend inacceſſible aux ſentimens de pitié & de généroſité; & cet homme mépriſable, d'un œil auſſi ſec que le cœur, enviſage la ruine de pluſieurs familles dont il eſt la cauſe. Celle de ſes poſſeſſions ne le touchent pas plus; l'avidité toujours ingénieuſe, ſaura abuſer, de nouveau, par ſes ſophiſmes, d'autres malheureux, auſſi foibles, dont la perte ſera bientôt également conſommée (1).

(1) L'imagination n'a aucune part à ce tableau. Il eſt encore au-deſſous de la vérité. Je pourrois déſigner du doigt mes modèles, heureuſement aſſez rares. On les trouve particulièrement parmi ces demi-parvenus que l'audace & les brigues honteuſes n'ont pu conduire ni aux places honorables, ni aux hautes faveurs de la fortune. Tandis que par une impudence ſoutenue, ils cherchent, en vain, a couvrir d'un voile impénétrable leur origine auſſi baſſe que leurs actions, la cupidité emploie les moyens les plus abjects pour ſoutenir les grands airs qu'ils affichent avec autant d'indécence que de ridicule. Conſommés dans l'art de faire des dupes, puiſque c'eſt à lui qu'ils doivent l'exiſtence qu'ils ont uſurpée, c'eſt ſur-tout loin des villes & des lumières, qu'ils le pratiquent avec plus de facilité & de ſuccès, & qu'ils deviennent par-là le fléau le plus formidable des Campagnes. On annonce les traits de bienfaiſance, les actions de généroſité. On publie les noms de leurs Auteurs. Il ſeroit au

De toutes ces réflexions préliminaires, il résulte que c'eſt contribuer à l'amélioration de l'agriculture, &, par une ſuite naturelle & néceſſaire, accroître les richeſſes nationales, que d'engager les Cultivateurs à s'occuper des prairies avec plus d'attention, à en augmenter le produit, ſans en étendre la ſurface, & à ſemer les plantes qui peuvent fournir des fourrages abondans. Plus on leur en préſentera de ce genre, & mieux ils établiront leur choix qui tombera toujours de préférence ſur celles qui ne ſont ni onéreuſes par les avances, ni embaraſſantes par les façons, qui peuvent s'accommoder à toutes les ſituations, & réuſſir dans tous les terrains; & dont les récoltes également promptes & copieuſes n'exigent aucun ſoin pour leur conſervation, & ſont d'un rapport très-conſidérable. Ces avantages ſe trouvent réunis par la culture du Chou-Navet de Laponie.

Cette Plante, originaire des Pays du nord, eſt une eſpèce, ou peut-être une ſimple variété du Chou-Navet (1), race particulière de la nombreuſe

moins auſſi important, principalement pour la propriété de l'Agriculture, de faire connoître, dans nos habitations champêtres, les méchans dangereux, comme l'on annonce aux Bergers l'approche des animaux carnaſſiers. *Fœnum habet in cornu longè fuge.*

(1) *Braſſica Napo Braſſica*; Gaſp. Bacch. prodr. theatr. Botan. Cap. 17, pag. 54, pinac 3.— *Braſſica-radice Napi formi*, Tourneſ. 219. *Braſſica-oleracea napo Braſſica.* Lin. *Chou-Navet* des Jardiniers.

breuſe famille des Choux, & qui fait la nuance ou la tranſition entre ceux-ci & les Navets. Sa racine, comme celle du Chou-Navet, renfle en terre, groſſit, & acquiert une conſiſtance dure, charnue & ſucculente. Ils ont tous deux de vraies feuilles de choux qui ſont longues, étendues, d'un vert clair en deſſous, plus foncé en deſſus, épaiſſes, douces au toucher, feſtonnées ſur leurs bords, enfin profondément découpées, ou diviſées en pluſieurs parties, dont celle de l'extrémité eſt très-ample, & les autres beaucoup plus petites, & placées le long de l'intérieur de la côte, ſont bien ſéparées, & diminuent ſucceſſivement de grandeur, à meſure qu'elles approchent de la racine. Les feuilles du Chou-Navet de Laponie ſont ſeulement plus nombreuſes, plus épaiſſes & d'un vert plus foncé. Ils ont auſſi tous deux les fleurs ſemblables & de la même teinte jaune (1). Le Chou-Navet de Laponie diffère cependant du Chou-Navet ordinaire, en ce qu'il n'a pas comme celui-ci, autour de ſa racine, la même quantité de filets ou de fibres, parmi leſquelles il s'en trouvent ſouvent d'un pouce de groſſeur, & en ce que, de cette même racine s'élance une quantité de tiges, tandis que le Chou-Navet n'en a qu'une ſeule.

---

(1) Les Botaniſtes ne feront pas ſatisfaits de cette deſcription dont les expreſſions ne ſont pas du langage ſcientifique; mais, dans un ouvrage de la nature de celui-ci, il faut ſe faire entendre de tout le monde.

Mais ce qui le diſtingue particulièrement, c'eſt la propriété qu'il poſsède éminemment de ne pas être endommagé par les frimats de nos hivers les plus rudes, & même, de végéter & de prendre de l'accroiſſement ſous la neige & la glace; propriété précieuſe que n'a pas le Chou-Navet commun. (1)

Il y a une autre eſpèce de Chou que l'on a confondu avec celui dont il eſt queſtion, c'eſt le CHOU-RAVE qui paroît naturel aux climats chauds & que l'on nomme communément *Chou de Siam*, depuis que les Ambaſſadeurs de ce Royaume l'ont apporté en France, ſous le règne de Louis-le-Grand; quoique, ſuivant la remarque de M. de Tournefort, écrivain contemporain, il fut connu long-temps avant en Europe (2). Ces deux Plantes ont en effet un grand

(1) Quoique Gaſpard Bauhin, qui a donné une deſcription aſſez détaillée du Chou-Navet, diſe qu'on le cultive principalement dans les cantons les plus froids de l'Allemagne, où il eſt connu ſous le nom de *Dorſen* ou *Dorſche*; il ajoute poſitivement que pendant l'hiver on eſt obligé de ſerrer les racines deſtinées à la nourriture des hommes ou des animaux, de même que celles qui doivent fournir la ſemence l'année ſuivante. D'ailleurs cette plante vient très-bien dans les Pays chauds; je l'ai vue fréquemment dans les jardins des Iſles de l'Archipel & de quelques autres Contrées du Levant, où je doute fort que le Chou-Navet de Laponie réuſſiſſe.

(2) Voyage du Levant, Tom. II, in-8°., pag. 33 & inſtit. 219. — *Braſſica Gongyloïdes*, Bauh. Pin. 3. — *Braſſica caule rapum gerens*, Dod. C. 24. *Nupa Bruſſica peregrina*, Lob. Icon. 246. — *Braſſica oleracea Gongyloïdes.* Linn. Il y en a deux variétés également en uſage, le blanc & le violet.

rapport de conformité : leurs feuilles, à la vérité, moins nombreuſes dans la première, ſont preſque parfaitement ſemblables dans les deux. Mais le Chou de Siam n'a point de protubérance ou, pour me ſervir de l'expreſſion propre, de luxuriance à ſa racine, laquelle ne diffère en rien des autres eſpèces. C'eſt au-deſſus de cette racine, au bas du tronc, qu'en ſe gonflant la tige forme une groſſe maſſe, ordinairement en boule applatie, très-dure, ſubſtantielle, & bonne à manger. Ce caractère unique & ſingulier eſt ſuffiſant, du reſte, pour le ſéparer très - diſtinctement de toutes les eſpèces auxquelles on pourroit le comparer, & lorſque l'eſtimable Auteur de l'Hiſtoire Naturelle des Prairies, M. Duchêne, obſerve dans l'Encyclopédie Méthodique (1), que „ le Chou Turnep, ou Chou de „ Laponie, célèbre depuis quelques années, eſt „ une variété dans cette même race du Chou- „ Rave „; l'on ne peut douter que ce Naturaliſte n'ait pas eu occaſion d'examiner le Chou de Laponie, lequel, d'après ce que je viens de dire, eſt inconteſtablement un Chou Navet, & nullement un Chou-Rave. Cette légère inexactitude me fait préſumer, avec quelque vraiſemblance, que cette dernière Plante n'étoit point connue en France, ou du moins ne l'étoit que très-peu. L'on en rencontre fréquemment de

---

(1) Encyclopédie Méthodique, article *Chou*, par M. Duchêne.

ſemblables, lorſque, les livres de Botanique à la main, l'on s'occupe de la comparaiſon des légumes de nos potagers, & des fleurs de nos parterres. De même que ceux dont l'étude particulière eſt la zoologie, ſe contentent d'obſerver les ſouches primitives & les races principales dans les animaux, & négligent les variétés qu'une ancienne domeſticité a plus ou moins nuancées, les Botaniſtes attachent peu d'intérêt aux plantes, lorſqu'une culture non interrompue & diverſifiée ſans ceſſe, ce qui eſt, à leur égard, une véritable domeſticité, les a changées ou altérées; & ils ne donnent, pour l'ordinaire, leur attention qu'à celles qui, ſemées par la nature elle-même, croiſſent en liberté, & n'ont été ni contrariées, ni modifiées, par la main induſtrieuſe de l'homme. Le Naturaliſte qui veut l'être excluſivement, s'arrête dès qu'il reconnoît l'influence de l'art; mais le Philoſophe contemple avec un étonnement, mêlé d'un noble orgueil, la puiſſance glorieuſe de l'homme, qui a ſu forcer la nature à ſe prêter à ſes goûts, & ſouvent à ſes caprices.

Pour éviter toute mépriſe dans le rapprochement que l'on pourroit faire du Chou-Navet de Laponie avec d'autres Plantes qui ſervent également à la ſubſiſtance des animaux, j'ajouterai, en peu de mots, la différence qui les ſépare. Ceci n'eſt pas, comme on le penſe bien, pour les perſonnes inſtruites; mais ce Mémoire devant être à la portée, & entre les mains de tout

Cultivateur, il eſt bon de prémunir contre des erreurs qui, en s'accréditant, nuiroient aux progrès de l'agriculture, avec d'autant plus de raiſon qu'elles m'ont été énoncées pluſieurs fois par gens même au-deſſus du vulgaire, qui n'avoient pas pris la peine d'examiner; & cette claſſe d'hommes eſt ſi nombreuſe ! Quelqu'un me fit dire, un jour, que dans un grand jardin d'un établiſſement public, il faiſoit ſemer depuis quelques années des Choux-Navets de Laponie. Je cours à ce jardin, je demande à voir la plantation, & l'on me montre un eſpace rempli de *Turlips* ou *racines de Diſette.* Cette bévue m'ayant été depuis fréquemment répétée, j'invite ceux qui ſeroient encore tentés de regarder le Chou-Navet de Laponie, comme de la même eſpèce que le *Turlips*, à prendre, d'une part, un Chou-Navet, & de l'autre, une Betterave, enſuite de les comparer, &, par cet examen, qui n'exige qu'une très-légère attention, ils ſeront convaincus, beaucoup mieux qu'ils ne le pourroient être par de longs diſcours, qu'il y a tout autant de diſſemblance entre ces deux plantes, quoique leurs racines ſoient un aliment à peu-près de la même ſorte, qu'il y en a entre un cheval & un mouton, leſquels ont tous deux pareillement quatre pieds dont ils ſe ſervent pour marcher. D'autres, de la foule de ceux qui engoués de la folle prétention de paroître tout ſavoir, aiment mieux courir le riſque de ſe tromper, que de laiſſer ſoupçonner un inſtant par un jugement plus ſûr, mais moins prompt, qu'ils peuvent ignorer quelque choſe, prétendoient, en m'écoutant, que je parlois du *Turnep* ou *Rabioule* du Dauphiné & de l'Auvergne. Cependant la racine, les feuilles, & toutes les parties du *Turnep* ſont ſemblables à celle du Navet, & il n'eſt, en effet, qu'une variété de Navet, ou de groſſe Rave. Quelques autres enfin, car il eſt temps de terminer cette énumération d'erreurs, frappés uniquement de la propriété de nourrir les animaux, décidoient avec plus de précipitation encore, qu'il étoit queſtion de la très-grande race de Choux que l'uſage auquel on la deſtine a fait diſtinguer par la dénomination de *Chou à Vaches* (1). Il feroit difficile de hazarder une aſſertion plus abſurde. En effet, cette dernière Plante ne produit point la groſſe racine charnue & ſubſtantielle qui forme le caractère diſtinctif du Chou-Navet; & cette différence eſſentielle ſuffit pour rendre inutile le détail de beaucoup d'autres auſſi déciſives, & dont la réunion ne laiſſe guères entre ces deux Choux d'autres traits de conformité, que leur nom générique & la nourriture que l'on en tire pour le bétail.

Les Agriculteurs françois ſont donc fondés à regarder le Chou-Navet de Laponie, comme

---

(1) Braſſica vaccina. Lin.

une plante nouvelle pour eux ; c'eſt-à-dire, comme n'étant point, où n'étant que très-peu cultivée en France. En effet, quoiqu'il me ſoit impoſſible d'affirmer que perſonne ne le cultive ; quoiqu'il ſoit, au contraire, très-probable que pluſieurs en aient fait des eſſais, peut-être plutôt par curioſité, que par un motif d'utilité ; j'ai la certitude que dans la plupart des Provinces du Royaume, & ſpécialement dans la nôtre, il n'en exiſte point de plantations en grand, deſquelles ſeules il peut être queſtion, parce que ce ſont les ſeules qui aient quelqu'importance pour l'économie rurale (1). Ce qui donne plus de poids à ma conjecture & la rend plus probable, c'eſt que de tous nos Ecrivains d'agronomie, aucun n'a traité de cette Plante (2).

(1) Long-temps avant que M. l'Abbé Commerell publiât ſon Mémoire ſur la *Betterave champêtre* ou *racine de Diſette*, j'avois vu cette racine chez différentes perſonnes en Province, & des curieux, à Paris, en avoient quelques planches dans leurs jardins. Mais ces ſemis partiels ſi étroitement circonſcrits n'ont ni valeur, ni utilité relativement à nos campagnes, & ne peuvent légitimement affoiblir la reconnoiſſance que l'on doit à l'homme éclairé dont le zèle à enrichi notre agriculture d'une nouveauté intéreſſante.

(2) Je ne parle point des annonces de Journaux, ni des notices des Catalogues. Parmi ces derniers, il en eſt un qui mérite d'être diſtingué par la variété des objets qu'ils contient : c'eſt celui que le ſieur Vilmorin Andrieux, Marchand grainier, fleuriſte & botaniſte du Roi, (Quai de la Megiſſerie, à Paris,) a fait imprimer en 1783. Il a annoncé, à cette époque, ſans que l'on y ait fait attention, le Chou-Navet de Laponie, comme plante de grande culture & propre à donner d'excellent fourrage. Je lui dois la juſtice de publier que c'eſt de lui que je

L'ancienne Encyclopédie n'en fait point de mention, & l'on ne trouve dans la nouvelle, que les deux lignes rapportées plus haut, & qui renferment une inexacte étude, ainsi que je l'ai déja remarqué. Elle a eu d'abord des succès en Suède, & les Anglois, cette nation respectable, chez laquelle l'agriculture est à un très - haut degré de perfection; les Anglois, dis - je, en couvrent une partie de leurs campagnes, depuis environ quinze années avec beaucoup d'avantages (1). M. Arthur Young, l'un de leurs plus célébres Agriculteurs, & Auteur de plusieurs excellens ouvrages d'économie, en a adressé des Graines à la Société Royale d'Agriculture de Paris. Cette Compagnie a publié dans son Recueil le Mémoire instructif que M. Arthur Young avoit joint à l'envoi, & a fait semer les Graines dans les jardins de Botanique Économique de l'École Vétérinaire. (2) Preuve, ou plutôt probabilité nouvelle à ajouter à celles que j'ai rapportées ci-devant, & dont le Concours peut faire juger, avec toute apparence de raison, que je suis le premier, ou du moins, un des premiers, pour qui le Chou-Navet de Laponie

---

tiens les premières graines de cette plante que j'ai semées, & qu'il avoit tirées d'Angleterre. Je me fais également un plaisir d'ajouter que le même M. Andrieux est très-recommandable dans son état, par le choix & la qualité des semences qu'il fournit.

(1) *Voyez* la Gazette d'Agriculture, du 2 Mai 1773, n°. 4.

(2) Mémoires de la Société Royale d'Agriculture de Paris, année 1786. Trimestre de printemps.

ait été, en France, un objet de grande culture, puiſque, depuis cinq ans, j'en ai formé & conſtamment entretenu des plantations dans un coin de la Lorraine, à Lironcour, ſur les confins de la Champagne & de la Franche-Comté. Si j'inſiſte ſur ce ſujet, c'eſt que, ſans encourir le reproche d'un excès d'amour propre, il eſt permis, ſans doute, de ſe glorifier de ſes travaux, lorſqu'ils ont uniquement l'utilité générale pour but. L'empreſſement à ſervir ſes Concitoyens, fait l'ambition d'une ame honnête, & l'aſſurance de la réuſſite, ſa plus douce récompenſe. Mais, ſoit que la priorité flatteuſe à laquelle j'ai quelque droit, me ſoit, ou non, confirmée, il n'en reſtera pas moins vrai de dire que la Plante dont il eſt queſtion, ne peut être trop tôt ni trop univerſellement répandue en France, parce qu'elle à des propriétés précieuſes qui la mettent au-deſſus de tout ce que l'on connoît juſqu'à préſent en ce genre, comme on s'en aſſurera par les détails qui vont ſuivre.

Avant tout, je dois prévenir que mes expériences n'ont pas été faites dans un jardin. Ces ſortes d'eſſais ſont preſque toujours trompeurs, lorſqu'on veut les appliquer à une grande exploitation ; mais c'eſt en pleine campagne, & même dans des terres médiocres, que j'ai formé mes plantations.

Au mois de Mars, l'on ſeme ſur une couche la graine qui eſt d'un brun rougeâtre & ſemblable à preſque toutes les eſpèces de choux. On doit la choiſir luiſante, ronde, peſante & bien remplie. Celle qui eſt petite & ridée ſera rejetée, parce qu'elle a été recueillie & ſéchée avant que d'être mûre. Si l'on a un ſemis conſidérable à faire, la meilleure & la plus prompte manière de n'y employer que des graines propres à germer, eſt de les mettre dans de l'eau, & d'enlever comme inutiles, toutes celles qui ſurnagent. Il vaut mieux encore n'en ſemer que de deux ou de pluſieurs années, car elles ſe conſervent bonnes pendant très-longtemps; & j'ai obſervé que celle qui étoit récemment récoltée, produiſoit des plantes moins belles & dont pluſieurs montoient avant le temps. Les habitans de nos campagnes, pour la plûpart ſans moyens & ſans induſtrie, ne doivent pas s'imaginer, qu'une couche, telle qu'il la faut dans cette occaſion, ſoit embarraſſante ou diſpendieuſe. En effet, il ne s'agit point de ces lits de fumier que l'art de nos jardiniers élève & ſoigne avec tant d'attention, pour parvenir avec des cloches ou des vitraux, à procurer un printemps artificiel & des jouiſſances anticipées.

Sur un terrain un peu creuſé, expoſé au midi, ou au levant, & abrité du côté du nord par un mur ou par une haye, formez avec du fumier de cheval, nouvellement tiré de l'écurie, ou échauffé dans l'intérieur d'un grand tas, un quarré long d'environ deux pieds d'élévation, de quatre de large & d'une longueur proportionnée au ſemis que l'on veut faire, étendez ce fumier également & preſſez-le en marchant deſſus. Couvrez-le d'une épaiſſeur de ſix pouces de terreau ou de la meilleure terre, ſans pierres ni mottes. Quelques piquets fourchus plantés le long des grands côtés ſoutiendront des petites perches à un pied au-deſſus de la ſurface du terreau; des poignées de paille longue, jointes enſemble, ſerrées l'une contre l'autre & étendues ſur les perches, feront un paillaſſon ſuffiſant pour garantir la couche des fortes gelées & des neiges abondantes. C'eſt-là en quoi conſiſte tout l'appareil. J'ai dit que l'on devoit ſe ſervir de fumier de cheval qui acquiert plus de chaleur que tout autre, & la conſerve plus long-temps. Cependant, ſi l'on n'étoit pas à portée de s'en procurer aſſez, on le mêlera avec celui des bêtes à cornes, & même ſi l'on ne peut faire mieux, on ſe ſervira de ce dernier ſeul. Le fumier ainſi rangé & preſſé s'échauffe & communique ſa chaleur au terreau. Pour ſemer, il faut attendre que cette chaleur que l'on nomme *le feu de la couche*, ſoit diminuée. Cela dépend de l'épaiſſeur du fumier, de la pluie qui accelère la fermentation, & de quelques circonſtances qu'il eſt inutile d'indiquer ici, parce qu'il eſt aiſé de reconnoître le moment où la couche n'a plus que la chaleur propre à faire germer les ſemences ſans les brûler, ſi l'on enfonce la main dans le terreau juſqu'au fumier, & qu'on puiſſe l'y laiſſer quelques inſtans ſans ſouffrir.

Enfin, ſi ce procédé, tout ſimple qu'il eſt, paroiſſoit encore trop embarraſſant à certains hommes de la campagne, pour leſquels tout ce qui eſt nouveau & hors de leurs uſages, eſt une difficulté; ils pourront ſemer ces mêmes graines, mais plus tard en pleine terre, pourvu qu'elle ſoit en bonne expoſition & abritée convenablement. Mais je conſeillerai toujours à ceux qui auront leurs intérêts aſſez à cœur pour ne pas être arrêtés par l'opération la plus facile, de ſe ſervir d'une couche, qui, en accélérant la végétation, avance le moment de placer les jeunes plantes dans les champs préparés par trois labours. Le premier ſe donne à l'entrée de l'hiver; il diſpoſe la terre à être diviſée & améliorée par les gelées qui, en détruiſant auſſi une partie des mauvaiſes herbes, épargnent de la peine & du temps pour la ſaiſon ſuivante. L'on peut ſe ſervir des champs ſur leſquels on vient de recueillir du blé. Le ſecond labour ſe donne en Mars, & le dernier au moment de la plantation, c'eſt-à-dire, lorſque les choux ont acquis aſſez de force ſur la couche, pour être placés en pleine campagne; ce qui a lieu, pour l'ordinaire, à la fin du mois de Mai, ou dans les premiers jours de Juin.

Cette tranſplantation eſt la même que pour les autres eſpèces de choux. L'on fait dans la terre, avec un plantoir, un trou dans lequel on gliſſe la racine toute entière, & quelques coups du plantoir donnés autour d'elle ſuffiſent pour l'aſſujettir. La diſtance entre chaque plante doit varier en raiſon de la fertilité du champ auquel on les confie. Dans une très-bonne terre, on laiſſera entre eux deux pieds, & même deux pieds & demi, parce qu'en pareille ſituation, leur racines en acquerreront un volume prodigieux, & leurs feuilles qui s'étendent en tout ſens, couvriront bientôt le ſol. Sur un terrain médiocre, ou mauvais, on les rapprochera d'avantage, par exemple, à dix-huit pouces, & même à un pied. L'on choiſira, autant qu'il ſera poſſible, un temps de pluie pour replanter. Mais, ſi comme dans les années dernières, la ſéchereſſe des mois de Mai & de Juin étoit conſtante & abſolue, il ne faudroit pas héſiter de ſe mettre à l'ouvrage quelque deſſéchée que ſoit la terre. Alors on arroſera. Au reſte que l'on ne ſe rebute pas à ce mot d'arroſement; ce n'eſt qu'une très-legère peine de plus, & cela n'eſt ni auſſi long, ni auſſi embarraſſant qu'on pourroit ſe l'imaginer. Un homme, ſans être fort habile, peut planter dix-huit cents choux par jour; ne lui en faites planter que quinze ou ſeize cents. Ayez à l'entrée de votre champ une voiture chargée de pluſieurs muids remplis d'eaux. Le planteur avec deux arroſoirs de fer blanc, qui ſont moins lourds que ceux de tout autre métal, en marchant entre les rangées, laiſſera tomber alternativement un peu d'eau ſur chacuns de ces quinze cents plants, & il fera chaque jour & à meſure, la même opération, qui eſt très-facile, & qui n'exige que fort peu de temps, pourvu qu'on y ſoit exercé. Si l'atmoſphère n'annonçoit pas encore une pluie prochaine, l'on fera bien deux ou trois jours après, d'arroſer une ſeconde fois, & l'on pourra être aſſuré que toutes les plantes reprendront, dans le cas même où la chaleur ſe ſoutiendroit encore long-temps. En 1785, la pièce de terre que j'avois deſtinée à ma plantation, ſituée au fond d'une vallée étroite, & au pied d'un côteau qui la garantiſſoit du côté du nord, étoit déſſéchée de telle ſorte que lorſqu'on y mit la charrue, ſa ſurface étoit preſque auſſi dure que de la pierre; labourée, elle n'étoit plus qu'une pouſſière brûlante. Néanmoins j'y fis planter mes choux, & en employant l'arroſement que je viens d'indiquer, j'eus la ſatisfaction de n'en perdre aucun.

Il eſt digne de remarque que les choux de Laponie qui ne ſont nullement ſenſibles aux gelées les plus fortes, réſiſtent également à l'excès de la chaleur, & que malgré la ſécherеſſe, ils reprennent plutôt, & mieux que les autres; ce ſont, parmi les végétaux, de ces conſtitutions robuſtes & heureuſes, que rien n'altère, & qui peuvent ſupporter les ſenſations les plus oppoſées; & c'eſt vraiment un avantage de n'avoir pas à élever de ces êtres délicats dont, la plupart du temps, l'exiſtence ne dédommage pas des ménagemens, des peines & des ſoins qu'ils ont occaſionnés.

De plus, j'ai obſervé que les inſectes ne les attaquoient que très-rarement, & que les chenilles ſi pernicieuſes aux choux, principalement dans les années sèches, ne les endommageoient preſque point; ce que l'on doit attribuer, ſans doute, à l'épaiſſeur & à la fermeté de leurs feuilles. (1)

Dans ce que j'ai dit de la préparation des champs, je n'ai pas parlé des engrais, parce que j'ai imaginé que l'on entendoit aſſez que cette culture deviendroit, comme les autres, d'autant plus profitable, que la terre ſeroit meilleure, & perſonne n'ignore que le moyen de la bonifier eſt de la bien fumer.

Lorſque les plants ont tous pris racine & quelqu'accroiſſement, on les ſarcle & on les bine. Cette opération ſe répète une ſeconde fois dans le courant de l'été. Elle s'eſt toujours faite chez moi par des hommes, & avec une eſpèce de houe très-commode qui eſt en uſage dans cette partie de la Lorraine, & qu'on y nomme *foſſeux*. J'avoue que je n'ai jamais vu que dans des livres modernes l'inſtrument aratoire auquel on a donné la dénomination de *cultivateur*, & qui eſt tiré par des animaux. Je connois encore moins la *houe-à-cheval*, dont on ſe ſert dans le Comté de Berkshire, & que M. Arthur-Young, très-bon juge

(1) Les chenilles, qui font tant de dégats dans les jardins, ſont produites par trois variétés tres-communes de Papillons à aîles blanches, avec quelques taches noirâtres, & que l'on nomme *Braſſicaires*. Il eſt bon de les faire connoître afin qu'on leur faſſe la guerre.

en cette partie, regarde comme l'inſtrument le plus utile qu'il ait vu employer (1). Mais juſqu'à ce que l'utilité de ces machines ſoit bien reconnue, & leur uſage généralement adopté, l'on continuera à donner les binages à bras avec le *foſſeux*. Il me paroît même que cette manière réunit plus d'avantages. En effet, on ne riſque point de dégrader la plantation par la marche des chevaux, ou par l'effort de l'inſtrument; la terre eſt beaucoup mieux remuée & diviſée, & l'on en ramène une partie au pied de chaque plante pour la *butter*, ce qui augmente ſa vigueur & accelère ſa croiſſance.

C'eſt-là en quoi conſiſte uniquement la culture que j'ai miſe en pratique, &, comme je l'ai dit, elle m'a conſtamment réuſſi depuis cinq ans. L'on a pu remarquer qu'elle ne contrarioit en rien les travaux ordinaires des campagnes, & que les labours qu'elle exige ſe font dans le temps où toutes les charrues ſont en activité; cette conſidération eſt importante aux yeux des laboureurs, & ſurtout des moins fortunés de nos cantons, qui trafiquent leurs beſtiaux dans les intervalles des travaux, & ne s'en procurent qu'à l'inſtant précis où les terres doivent être cultivées. Cependant elle

(1) M. Arthur-Young donne la deſcription & la figure de cet inſtrument dans ſon voyage aux Comtés de l'Eſt de l'Angleterre, vol. 2, pag. 400. *Voyez* ſon Mémoire ſur le Chou-Navet, inſéré dans le Recueil de la Société Royale d'Agriculture de Paris, année 1786. Trimeſtre du Printemps.

n'eſt

n'eſt pas excluſive & je vais en rapporter quelques autres, afin dc mettre tout cultivateur à portée d'adopter celle qui lui conviendra, & de faire des eſſais avantageux à ſa poſition.

M. Arthur-Young dont les préceptes méritent toute confiance, parce qu'ils ſont dictés par une expérience éclairée, preſcrit deux méthodes qui diffèrent de la mienne en quelques points. » Le » terrain, (dit M. Young) doit être labouré à la » St. Michel, juſqu'à huit pouces de profondeur; » après les ſemailles des orges, c'eſt-à-dire, à la » fin d'Avril, à ſix pouces, & encore en Mai. On » paſſe la herſe après chacun de ces derniers la» bours. Vers la fin de Mai, on répand depuis « vingt juſqu'à trente tonnes de fumier par arpent, » ſuivant la qualité du fumier & du ſol où on » l'enterre avec la charrue ».

» On choiſit cinq perches de terrain pour cha» que acre qu'on veut planter, on y répand en » Octobre un bon engrais; on enfouit le fumier » juſqu'à neuf pouces; on l'enterre de nouveau » en Janvier & Février; en Mars on l'enfouit pour » la troiſième fois & l'on sème les graines à raiſon » d'une demi-livre par cinq perches. On les re» couvre avec le rateau, & quand les jeunes » plantes ont pouſſé, on les ſarcle à la main ».

» Ce travail doit être commencé dès la pre» mière forte pluie qui tombe en Juin. Il faut » enlever avec ſoin les plantes de deſſus la cou» che. On les repique avec une fiche de fer; on

» les dispose par rangées droites entre chacune » desquelles on laisse dix-huit pouces & un pied » de distance entre chaque plante. Mais si le ter- » rain est très-bon, l'intervalle entre les rangs » doit être de deux pieds ».

» S'il survient une sécheresse après cette plan- » tation, les jeunes plantes auront un air foible » pendant quelque temps. Le meilleur moyen de » suppléer, dans ce cas, à l'humidité, c'est de » donner un binage à la main. Par cette opéra- » tion, lorsqu'elle est bien faite, on prévient » quelquefois le dépérissement de toutes les plan- » tes. Quelque temps qu'il fasse, on ne doit ja- » mais se dispenser de biner les rangs aussitôt » que les plantes ont bien pris racine. On travaille » les intervalles avec la *houe à cheval* (1); les » plantes pendant leur accroissement exigent d'être » binées deux fois & travaillées trois fois avec la » houe à cheval ».

» La manière de les cultiver que nous venons » de décrire, est sans doute la plus avantageuse, » mais il est des cas où elle devient impraticable, » sur-tout lorsqu'on a laissé passer la saison. Voici une autre méthode que l'on peut mettre en pratique pendant tout le mois de Mai.

» Répandez du fumier sur un champ bien la- » bouré, & enfouissez-le à la charrue; formez » des sillons de deux pieds de distance entre eux;

(1) *Voyez* la Note de la page 32.

» faites passer le rouleau qu'on emploie pour l'orge » dans la même direction que la charrue, & sur » le sommet applati du sillon, semez dans la pro- » portion d'une livre par arpent. Le semoir de » M. Cook, inventé tout récemment, est très- » propre. Lorsque les plantes ont bien poussé, » donnez un binage, éclaircissez-les à la main, en » les espaçant d'un pied; travaillez-les ensuite à » la houe à cheval, comme il a été dit; la récolte » sera surement considérable, & ne peut man- » quer d'être très-productive. « (1)

M. l'Abbé Commerell, depuis l'impression de son mémoire sur la culture de la racine de disette (2), a publiédans les papiers publics un procédé pour semer cette racine. Il est probable que le chou-navet de Laponie réussiroit encore de cette manière, par laquelle, ou à peu-près, suivant M. de Thosse (3), on cultive en grand la betterave dans les cantons de l'Allemagne. Voici en quoi elle consiste..

Dans les mois de Mars & d'Avril, le terrain destiné à la culture de la racine de *disette* étant bien préparé, fumé & rendu meuble, il faut choisir les plus belles graines, les tremper dans l'eau ordinaire pendant vingt-quatre heures, & les faire ensuite ressuyer un moment pour pou-

(1) Mémoire de M. Arthur-Young.

(2) Paris, Buisson 1786.

(3) Mémoires de la Société Royale d'Agriculture de Paris, ann. 1768. Trim. d'hiver.

voir les manier. On tend un cordeau ſur le champ, comme ſi on vouloit y planter les racines à dix-huit pouces de diſtance en tous ſens ; on fait avec le petit doigt un petit trou en terre, d'un pouce de profondeur, dans lequel on met une ſeule graine que l'on recouvre auſſitôt. Après dix à douze jours elle lève, & l'on remarque que chaque graine contient le germe de quatre, cinq & ſix racines qui ſortent de terre à la fois. Dès que les petites racines montrent leur quatrième feuille, il faut, avec précaution, arracher les plus foibles & ne laiſſer en place que la plus belle & la plus vigoureuſe. Dans peu de jours on ſera étonné de leur accroiſſement; pas une ne manquera, & de cette manière auſſi ſimple que facile, on épargne la peine de la tranſplantation ; on jouit des feuilles quatre à cinq ſemaines plutôt ; les racines deviennent plus groſſes & pivottent mieux ; & dans une terre meuble, il y a une culture de moins à donner.

Il paroît que, par ce moyen, ſi l'on gagne une culture, d'un autre côté les façons augmentent. M. Thoſſe aſſure, que les plantes exigent alors de plus fréquens ſarclages, & que les racines s'enfonçant beaucoup plus que celles qu'on a tranſplantées, ſont plus difficiles à arracher. Des plans de choux de Laponie, laiſſés ſur la couche où on les avoit ſemés & eſpacés convenablement, n'ont jamais donné une belle végétation ; des feuilles petites & peu nombreuſes couvroient à peine des racines qui n'avoient point groſſi. Il eſt vrai que ces racines n'ayant pu pivotter profondément, à cauſe de l'affaiſſement du terreau, les plantes avoient dû ſouffrir dans toutes leurs parties. Quoiqu'il en ſoit, il ſera, je penſe, de la circonſpection qu'un agriculteur doit apporter dans ſes tentatives, de faire en petit l'eſſai de cette méthode avant que de l'appliquer à une culture en grand.

En ſuivant ce que j'ai pratiqué moi-même, ſi ou a placé les plantes dans un bon terrain, l'on peut commencer à couper les feuilles en Juillet. Mais dans toutes les ſituations, il ne faut les recueillir que lorſque les racines ont acquis aſſez de volume & de conſiſtance pour n'être point fortement ébranlées par la commotion qu'on leur donne, en caſſant les feuilles le plus près que l'on peut des racines. On ne laiſſe que celles du cœur : lorſqu'on les a ainſi effeuillées ſucceſſivement, ſi la plantation eſt ſpacieuſe, on peut reprendre par l'extrémité par laquelle on a commencé, l'on trouvera les plantes garnies de nouveau. Après avoir fourni pendant l'été & l'automne trois récoltes abondantes, elles ne laiſſent pas de pouſſer encore, quoique plus foiblement, au milieu des hivers les plus rudes, & d'être une reſſource agréable aux gens de la campagne, & intéreſſante pour les beſtiaux de toute eſpèce, qui les mangent en tout temps avec avidité.

Mais c'eſt ſur-tout dans le produit des racines

que le rapport d'une plantation de choux-navets de Laponie eſt vraiment prodigieux. M. Arthur-Young nous apprend qu'un acre, c'eſt-à-dire, à peu-près un arpent & demi de France a donné, dans le Comté de Kent, ſoixante tonnes de racines, ou cent trente-quatre mille quatre cents livres peſant; que le produit de quarante tonnes par acre eſt aſſez ordinaire, & qu'en général la récolte ſur une terre médiocre, de dix à douze ſchellings par acre, mais bien fumée, produira depuis quinze juſqu'à vingt, & même juſqu'à trente tonnes de racines.

Afin de former une idée plus préciſe encore de l'étendue de ce produit, écoutons M. Bever, autre agriculteur Anglois, » Pour juger de ſa valeur, dit-il, il ſuffit de rapporter que le vingt-trois Avril 1785, je partageai deux acres de choux avec des claies, en trois diviſions d'égale grandeur. Je mis dans la première vingt-quatre jeunes bœufs, peſant environ quatre cents livres chaque, & trente moutons gras de moyenne taille; qu'à la fin de la première ſemaine, après qu'ils eurent mangé la plus grande partie des feuilles & une partie des racines, je les fis paſſer dans la ſeconde diviſion, & je mis alors ſoixante & dix moutons maigres dans la première, pour y manger ce que les moutons gras avoient laiſſé; j'en fis de même de la troiſième diviſion, les moutons maigres ayant ſuccédé par-tout aux gras, juſqu'à ce que tout ait été conſommé ».

» Les vingt-quatre jeunes bœufs & les trente » moutons gras restèrent dans ce champ jusqu'au » vingt-un Mai, exactement quatre semaines, & » les soixante-dix moutons maigres jusqu'au vingt-» neuf, ce qui fait un jour au-delà des quatre » semaines : ensorte que les deux acres nourris-» sent vingt-quatre jeunes bœufs & cent dix » moutons pendant quatre semaines, non com-» pris le jour de surplus. Le prix de la nourri-» ture de chaque mouton, par semaine, ne peut » être estimé moins de quatre sols, ni celui de » chaque bœuf, au-dessous d'un schelling six de-» niers (vingt-huit sols de France) ou environ, » aussi par semaine ; ce qui montera environ à la » somme de quatorze livres sterlings dix schellings » huit deniers pour deux acres, ou plutôt quinze » livres sterlings treize schellings quatre deniers, » plus de trois cents quarante livres de France, » même en ne comptant que cent moutons ».

Ces faits ont été de nouveau confirmés par les expériences de l'Auteur, au mois de Mai 1786, le premier Mai il a livré aux bêtes trois acres de choux-navets où il a nourri vingt-deux jeunes bœufs, dix-sept vaches, deux taureaux, quatre génisses, cent dix moutons, sans compter trenta chevaux. (1)

Ces détails intéressans & publiés par des agriculteurs éclairés & respectables, doivent suffire

---

(1) Bibliothèque Physico-économique 1788. Tom. II, p. 58.

Dans le courant de l'hiver, principalement vers les mois de Février & Mars, temps où les fourrages ordinaires ſont preſque toujours conſommés, & où la végétation engourdie n'offre encore aucune verdure, on les arrache, ſelon le beſoin, avec un crochet de fer. On peut, comme en Angleterre, ſi le terrain eſt ſec, le diviſer par des claies, en pluſieurs portions, dans leſquelles on introduit ſucceſſivement le bétail qui mange les racines dans les champs mêmes. Cette méthode peut avoir quelqu'avantage ; mais il m'a paru moins embarraſſant de les faire porter à meſure dans les étables. Cependant ſi une récolte partielle ſembloit incommode, ou ſi l'on vouloit débarraſſer plutôt les champs, pour les préparer à d'autres cultures, on peut encore les enlever toutes à la fois, un mois ou ſix ſemaines avant que de les faire conſommer ; elles ſe conſerveront très-bien en les plaçant les unes à côté des autres ſur un pré.

Au ſurplus, elles plaiſent également, de même que les feuilles, à toutes les eſpèces d'animaux qu'on élève dans les fermes. Elles donnent aux vaches une plus grande quantité de lait que toute autre nourriture, & ce lait qui ne ſe reſſent en rien du mauvais goût que l'on reproche aux choux de lui communiquer, eſt fort gras & d'une excellente qualité. Pendant les très-fortes gelées qui rendoient la terre impénétrable au crochet, ou lorſque pluſieurs pieds de neige empêchoient de découvrir ſes racines, mes vaches avertiſſoient de cette privation; leur lait diminuoit en même temps qu'il perdoit de ſa qualité, quoiqu'on leur donnoit de très-bon fourrage.

Je m'en ſuis ſervi pour engraiſſer quelques paires de bœufs; ils ont pris la graiſſe en moins de temps que par toute autre manière, & des connoiſſeurs ont aſſuré que cette graiſſe étoit ſupérieure à celle que procure les autres fourrages. Les moutons & les porcs s'engraiſſent avec la même facilité, & l'on a vu qu'en Angleterre on en avoit auſſi nourri des chevaux. La volaille, les dindons ſur-tout, les mangent de préférence, & ils acquièrent en s'en nourriſſant, une chair délicate & ſavoureuſe.

Pour les préſenter aux animaux, à l'exception des dindons qui ont le coup de bec aſſez fort pour les caſſer eux-mêmes, on les coupe par morceaux & l'on ſe ſert à cet effet, d'un *hache-paille;* il y en a de pluſieurs ſortes, parmi leſquelles chacun choiſira celle qui lui paroîtra plus commode. Il faut une moindre quantité de ces racines que de toute autre; elles ſont plus dures, plus lourdes, plus compactes que les navets, les turneps, & particulièrement que les *diſettes* qui n'ont qu'une conſiſtance aqueuſe. (1)

(1) M. Tenon, ayant coupé par tranches, & fait ſécher des morceaux de betterave champêtre, cultivée dans un bon terrain, au jardin du Roi, s'eſt apperçu que ces morceaux ſe réduiſoient à un très-petit volume, qu'ils paroiſſoient remplis de

Ce n'eſt pas ſeulement aux animaux que ſe borne la qualité nutritive du Chou-Navet de Laponie. Ses feuilles tendres, pendant l'hiver, ſont bonnes à manger, & ſes racines offrent, aux gens de la campagne, un aliment ſain, ſubſtantiel, & d'un goût agréable qui tient de celui du Navet. Quoique dures, elles ſe cuiſent aiſément, & apprêtées par des mains exercées, elles trouveront place ſur les meilleures tables, comme un fort bon mets.

Ce n'eſt pas la nature des terres qui doit former un obſtacle à la culture de cette plante, puiſqu'elle peut réuſſir dans toutes. M. Arthur-Young l'a cultivé lui-même ſur toutes ſortes de terrains, excepté dans un ſol compoſé entièrement de ſable, ou formé de craie ou de tourbe. Il l'a cependant vu réuſſir dans un terrain ſablonneux & tourbeux, & quoiqu'il ne connoiſſe point d'expériences faites ſur un terrain argileux ou de craie, il ne doute point qu'elle ne réuſsît dans le premier, s'il étoit bien diviſé, fumé & deſſéché, & dans

---

fibres, & qu'enfin ils brûloient comme de l'amadou, & décrépitoient. Il a préſenté dans cet état des morceaux de ces racines. Cette diminution ſembleroit faire croire que la betterave contient moins de principes nourriſſans que d'autres racines auxquelles la deſſication n'enlève point une auſſi grande quantité d'eau; mais les grands avantages qu'on retire de la culture de cette ſorte de betterave ne ſauroient être contre-balancés par cet inconvénient. *Recherch. ſur diverſes ſortes de ſtérilité dans les végétaux, &c. par M. Ducheſne, communiquées par M. Tillet. Mém. de la Soc. d'Agric. de Paris. ann. 1786. Trim. d'Autom. pag. 45.*

le ſecond, ſi l'on y apportoit une grande quantité d'engrais, compoſé de terre & de fumier, ou mieux encore, ſi l'on répandoit ſur les champs ces deux engrais ſéparément. J'ai eu auſſi occaſion de reconnoître qu'elle n'étoit pas plus délicate ſur la nature du ſol, que ſur la diverſité des ſaiſons. Quelques graines jetées par haſard, dans une cour preſque toute de ſable, & dont la ſuperficie étoit ſans ceſſe foulée & battue par la marche des hommes, n'avoient pas laiſſé de bien lever; d'autres tombées de même ſur un vieux monceau de pierres, avoient produit des racines, qui prirent, dans le peu de terre qui ſe trouvoit entre chaque pierre, tout l'accroiſſement qu'une ſituation auſſi gênée, leur avoit permis d'acquéquérir, & donnèrent encore de belles feuilles.

Enfin, un dernier avantage, non moins précieux, du Chou-Navet de Laponie, & dont perſonne n'a encore parlé, c'eſt la quantité conſidérable de ſemences qu'il porte, & avec leſquelles on fait une huile de très-bonne qualité. Si, après avoir coupé les feuilles à pluſieurs repriſes, & autant de fois qu'elles ſe ſont formées, l'on veut tirer des racines un profit d'une autre ſorte, mais également important, on les laiſſera paſſer tout l'hiver dans le champ. Au printemps s'éleveront des tiges nombreuſes; il y en a communément quinze ou ſeize, & j'en ai compté juſqu'à vingt-ſix ſur la même racine. Elles atteignent quatre pieds de hauteur, &, en ſe ramifiant en tous ſens, elles ſe chargent d'une infinité de ſiliques remplies de graines, & offrent un coup d'œil véritablement intéreſſant en agriculture; c'eſt, pour ainſi dire, un petit taillis preſqu'impénétrable.

D'après la méthode de culture que j'emploie, ces graines mûriſſent au commencement de Juin, c'eſt-à-dire, qu'on les recueille préciſément un an après que les racines ont été tranſplantées. Elles ne ſont pas expoſées, dans leur formation, aux inconvéniens, ou aux maladies qui ſouvent détruiſent la navette; &, ſi par quelqu'accident, les tiges étoient abattues, avant que les ſemences fuſſent formées, & juſqu'au temps de la floraiſon, l'on ſeroit dédommagé de cette perte par les racines qui ont la propriété ſingulière, & dont la découverte eſt due à M. Arthur-Young, d'être pleines de ſuc, & d'un goût agréable, lors même qu'elles montent en graines; au contraire des autres plantes dont les racines ſe creuſent & ſe durciſſent à la même époque. M. Young en a goûté & coupé en Juin qui étoient très-bonnes & remplies de ſuc, quoique les pouſſes euſſent trois pieds de haut, & que les fleurs paruſſent déjà.

Mille de ces racines m'ont rapporté quatre cents ſept livres peſant de graines, deſquelles on m'offroit, en argent, deux cents vingt-deux livres. Ce calcul court & ſimple ſuffit pour donner un apperçu de cette production. Une meſure de graines, du poids de trente-sept livres, a produit huit pintes (de Paris) d'une huile limpide, tirant sur le jaune, douce, sans saveur désagréable, & qui s'est trouvée bonne aux différens usages de la cuisine, & préférable à la mauvaise huile d'olive que l'on débite dans les petites Villes. Une absence ne me permit pas d'en soigner la fabrication : les graines furent portées sans préparation, & sans précaution, par mes gens, à des moulins empestés par le chenevis qu'on y écrasoit continuellement. On la rendroit meilleure, en suivant les procédés que l'un des hommes de notre siècle auquel l'agriculture à les plus grandes obligations, a publiés sur la manipulation des huiles : afin que ce traité sur le Chou de Laponie soit le moins incomplet qu'il me sera possible, je vais donner un extrait de ces procédés fondés sur les connoissances chimiques, & dont l'expérience à constaté l'efficacité.

Faites macérer à froid, pendant trente-six à quarante huit heures, les graines fraîches, dans une lessive de cendre ordinaire, faite à froid & dont le véhicule est de l'eau de chaux légère. On emploie une livre de bonne chaux pour lessiver trois ou quatre livres de cendres, plus ou moins, suivant leurs qualités alkalines. M. l'Abbé Rozier a employé trois livres de celles de sermens de vignes. Il suffit, dans la macération que la liqueur surnage un peu la graine. Toute autre dissolution alkaline, faite dans l'eau de chaux; comme de cendres gravelées, de soude, de potasse, remplit le même but. On n'indique les cendres ordinaires que par raison d'économie, & l'eau de chou même n'est conseillée que pour aiguiser & réchauffer l'action alkaline, & employer moins de cendres. Cette graine doit être ensuite lavée dans plusieurs eaux, & mise de nouveau à macérer pendant dix ou douze heures dans une légère dissolution d'alun faite à l'eau. Après cette double opération, on la lavera ensuite exactement dans l'eau ordinaire, on l'étendra, & on la mettra sécher jusqu'au temps où on voudra l'envoyer au pressoir. L'économie exige qu'elle soit pressée aussitôt qu'elle sera sèche, & il ne convient pas de la garder plus de six mois. Quoique l'expérience réussisse de même sur la graine sèche, il est bon d'opérer cette correction sur la graine fraîche, pour éviter l'inconvénient d'une seconde exsiccation. Il faut nettoyer avec le plus grand soin le moulin & le pressoir, & en général tous les instrumens employés, sur-tout s'il y a long-temps qu'ils n'ont pas servi.

Pour conserver l'huile que vous extrairez de ces graines, lavez-la; quelque temps après, soutirez-la; conservez lui son air principe, & son air surabondant; imprégnez-la d'un air nouveau (1). Tenez-la dans des caves fraîches, & en tout

(1) Il seroit trop long de rapporter ici le détail de ces opéra

ſemblables aux meilleures caves pour conſerver le vin. Enfin lavez ſcrupuleuſement les vaiſſeaux qui doivent la contenir, & paſſez enſuite dans ces vaiſſeaux un peu d'eſprit de vin, ou de froment. Il eſt eſſentiel de les tenir parfaitement bouchés, ce qui eſt totalement oppoſé à la coutume ordinaire. Quelques perſonnes peu inſtruites pourroient penſer que la ſubſtance alkaline, ou l'alun ſeroient capables de faire contracter aux huiles des qualités nuiſibles à la ſanté; mais la preuve du contraire va juſqu'à la démonſtration. (1)

L'on peut apprécier une culture, & juger de ſon importance, par l'impreſſion qu'elle fait ſur les habitans de nos campagnes, ſur ces eſprits d'une trempe peu flexible qui ſe décident difficilement à adopter des pratiques inconnues à leurs pères. L'on eſt fondé à la regarder comme excellente, lorſque, ſans autre impulſion que celle de leurs yeux, ils vont juſqu'à déſirer de ſe l'approprier. C'eſt ce qui eſt arrivé à Lironcour, & aux environs. Dans ces cantons reculés, il eſt peu d'habitans éclairés; ils ſont, pour la plûpart, ſans énergie, parce qu'ils ſont preſque tous dans la miſère. J'ai évité de leur parler

---

tions; ceux qui auront à conſerver beaucoup d'huile le trouveront dans l'ouvrage de M. l'Abbé Rozier, ainſi que la manière de corriger les huiles, quand elles ſont devenues rances.

(1) Extrait du Traité ſur la Navette, par M. l'Abbé Rozier, petit vol. in-8°., pag. 84 & ſuiv.

du

du Chou de Laponie, & encore plus de les engager à le cultiver. J'ai voulu qu'ils appriſſent eux-mêmes à en connoître les propriétés; j'ai laiſſé, pour ainſi dire, parler la plante, & ſon langage muet a été plus éloquent que n'auroient pu l'être toutes les exhortations. Ils virent d'abord ſa belle végétation qui n'étoit point interrompue par l'hiver le plus rude. Ils s'apperçurent enſuite de l'état d'abondance & d'embonpoint dans lequel ſe trouvoit mon bétail, pendant les années où la diſette des fourrages faiſoit dans les campagnes des ravages qui ne ſeront pas réparés de ſi-tôt. D'un autre côté, la curioſité les porta à goûter les racines, & ils les trouvèrent bonnes. Il n'en fallut pas davantage pour que pluſieurs en ſemaſſent dans leurs vignes & leurs jardins. D'autres jugèrent plus commode d'avoir dans mon champ les racines toutes venues. Mais ces plantations partielles n'avoient point de conſiſtance, & ce qui les détermina à leur donner un accroiſſement ſuivi, ce fut la beauté des plantes montées en graines, la quantité de ſemences qu'elles produiſirent, & la bonne qualité d'huile que l'on en tira. Ils furent plus frappés de cette propriété que des autres, parce qu'avec une exploitation peu conſidérable, les feuilles étoient ſuffiſantes à la nourriture de quelques animaux, & qu'au printemps, ils avoient une récolte abondante, dont le débit prompt & aſſuré leur donnoit un argent qu'à cette époque ils n'ont aucun moyen de se procurer, & qui leur fournissoit, en même temps, une huile propre à tous les usages économiques, & à remplacer le beurre dont le prix augmente annuellement. J'ai distribué des semences à tous ceux qui en ont désiré, & je les ai distribuées gratuitement, car dans mon opinion, l'ombre seule de l'intérêt affoiblit le mérite qu'on acquiert en faisant le bien. Je me suis même apperçu avec plaisir que plusieurs s'en étoient munis sans avoir eu la peine de me les demander. Mais c'est avec la plus vive satisfaction que j'ai vu cette culture s'étendre jusqu'à plusieurs lieues autour de mon habitation. Si, comme il y a tout lieu de le présumer, elle se répand encore, elle deviendra un moyen de prospérité pour ce canton qui en a un besoin pressant.

Les caractères honnêtes & généreux concevront, Messieurs, quelle doit être ma jouissance. Sur un autre hémisphère, je fus assez heureux pour bien mériter de mes concitoyens (1), & de retour dans ma patrie, je puis aussi me flatter d'avoir contribué à la félicité de tout un pays. C'est faire autant de bien, que des hommes atroces, des ames de boue, dont l'unique étude est de se sustenter de la substance du foible, ou du pauvre, savent faire de mal. Cette pensée remplit mon ame entière; elle me fait oublier les persécutions

(1) Dans la Guiane Française, mes travaux ont procuré des découvertes de quelqu'importance.

de mes ennemis ; & elle me console des viles chicanes de l'intérêt & de l'avidité. En succombant aux peines physiques & morales dont presque chaque jour de ma vie a été marqué, j'emporterai du moins l'espérance que ma mémoire rappellera cette expression honorable auprès de laquelle les inscriptions fastueuses des dignités ou de l'opulence ne sont rien : IL FUT UTILE A SES SEMBLABLES.

---

## POST-SCRIPTUM.

DEPUIS la lecture publique de ce Mémoire, la culture du Chou-navet de Laponie, comme je l'avois prévu & désiré, non-seulement s'est étendue dans mon canton, mais elle commence aussi à s'établir dans les environs de la Capitale de la Province. Je viens encore d'en former une plantation à peu de distance de Paris ; quoique la terre y soit mêlée de sable & même de craie, les plants ont très-bien reussi.

On trouvera des semences de cette espèce de Chou, chez M. Vilmorin-Andrieux, Quai de la Mégisserie, à Paris. Mais si quelque propriétaire, ou quelqu'amateur d'agriculture préféroit de s'en procurer qui fussent produites par des plantes acclimatées, je déclare qu'on peut s'adresser à moi, avec toute confiance; je me ferai un vrai plaisir d'en fournir autant que j'en aurai, & toujours gratuitement, aux personnes qui m'en demanderont, comme un devoir de donner les renseignemens & les éclaircissemens que l'on pourroit désirer. On est seulement prié d'affranchir les lettres que l'on pourra m'adresser, soit à Paris, *Hôtel de Calais, rue Coquillière*, soit à Nancy, *chez M. Renault, rue de la Fayancerie.*

FIN.

# PRIVILEGE DU ROI.

LOUIS, par la grâce de Dieu, Roi de France & de Navarre : A nos amés & féaux Conseillers les Gens tenans nos Cours de Parlement, Maîtres des Requêtes ordinaires de notre Hôtel, grand Conseil, Prévôt de Paris, Baillis, Sénéchaux, leurs Lieutenans civils & autres nos justiciers qu'il appartiendra : Salut. Notre bien amée l'Académie royale des Sciences, Belles-Lettres & Arts de Nancy, Nous a fait exposer que toujours dévouée à des travaux & occupations littéraires, utiles à l'état, elle avoit besoin de nos Lettres de privilége pour faire imprimer ses ouvrages, ceux des Académiciens qui la composent, & ceux qu'elle auroit approuvés parmi les pieces qui lui ont été ou pourront être adressées pour le concours des prix qu'elle distribue. A ces causes, voulant favorablement traiter notredite Académie, nous lui avons permis & permettons par ces présentes, de faire imprimer conjointement ou séparément par tel Imprimeur qu'elle voudra choisir, & ce, pendant quinze années consécutives, à compter du jour des présentes, & de faire vendre & débiter partout notre Royaume, tous ses ouvrages de Sciences, Belles-Lettres & Arts, qu'elle auroit faits, ou pourroient faire ceux des Académiciens qui la composent, autant qu'ils traitent des objets que notredite Académie s'est proposée de cultiver, & encore ceux qu'elle auroit approuvés ou pourroit approuver parmi les pieces envoyées au concours pour les prix qu'elle distribue, le tout en tel volume, format, marge, caracteres, & autant de fois que bon lui semblera, sans toutefois qu'à l'occasion des ouvrages ci-dessus spécifiés, il puisse en être imprimé d'autres, & à condition que les ouvrages des Académiciens de notredite Académie, porteront après le titre le nom de leur auteur & ne pourront être imprimés, ainsi que les pieces qui auront concouru pour les prix, qu'après avoir été préalablement examinés par trois Commissaires au moins, choisis par notredite Académie dans le nombre de ses membres & approuvés par notredite Académie, d'après le compte que lesdits Commissaires en rendront dans une assemblée ordinaire ; de quoi le Secrétaire de notre Académie délivrera un certificat signé du Directeur & de lui, lequel sera imprimé en tête, ou à la fin de l'ouvrage, à la suite du présent privilége. Faisons défenses à toutes personnes de quelque qualité & condition qu'elles soient, d'en introduire d'impression étrangère dans aucun lieu de notre obéissance, comme aussi à tous Libraires & Imprimeurs d'imprimer ou faire imprimer, vendre, faire vendre & débiter lesdits ouvrages en tout ou en partie, & d'en faire aucune traduction ou extrait sous quelque prétexte que ce puisse être, sans la permission expresse & par écrit des membres qui composent notredite Académie, ou de ceux qui auront droit d'eux, à peine de confiscation desdits exemplaires contrefaits, de six mille livres d'amende, qui pourra être modérée pour la première fois, de pareille amende & de déchéance d'état en cas de récidive, & de tous dépens, dommages & intérêts, conformément à l'Arrêt du Conseil du 30 Août 1777, concernant les contrefaçons ; que ces présentes seront enregistrées tout au long sur le registre de la Communauté des Imprimeurs-Libraires de Paris, dans trois mois de la date d'icelle; que l'impression desdits ouvrages sera faite dans notre Royaume, & non ailleurs, en bon papier & beaux caractères, conformément aux Réglemens de la Librairie, qu'avant de l'exposer en vente, les manuscrits ou imprimés qui auront servi de copie à l'impression desdits ouvrages, seront remis es mains de notre très-cher & féal Chevalier Garde des Sceaux de France le sieur Lamoignon, qu'il en sera ensuite remis deux exemplaires dans notre Bibliothèque publique, un dans celle de notre Château du Louvre, un dans celle de notre très-cher & féal Chevalier, Chancelier de France le sieur de Maupeou, & un dans celle dudit sieur de Lamoignon, le tout à peine de nullité des présentes; du contenu desquelles vous mandons & enjoignons de faire jouir notredite Académie & les Membres qui la composent & leurs ayant cause, pleinement & paisiblement, sans souffrir qu'il leur soit fait aucun trouble ou empêchement. Voulons que la copie des présentes, qui sera imprimée tout au long, au commencement ou à la fin desdits ouvrages, soit tenue pour dûment signifiée & qu'aux copies collationnées par l'un de nos amés & féaux Conseillers Secrétaires, foi soit ajoutée comme à l'original. Commandons au premier notre Huissier ou Sergent sur ce requis, de faire pour l'exécution d'icelles tous actes de justice requis & nécessaires, sans demander autre permission, & nonobstant clameur de haro, charte normande & lettres à ce contraires: Car tel est notre plaisir. Donné à Versailles le douzieme jour de Juin, l'an de grâce mil sept cent quatre-vingt sept, & de notre règne le quatorzième.

PAR LE ROI EN SON CONSEIL,

*LE BEGUE.*

*Registré sur le registre XXIII de la Chambre Royale & Syndicale des Libraires & Imprimeurs de Paris, N°. 1221, fol. 264, conformément aux dispositions énoncées dans le présent privilége, & à la charge de remettre à ladite Chambre les neuf exemplaires prescrits par l'Arrêt du Conseil du 16 Avril 1787. A Paris le dix-neuf Juin 1787.*

KNAPEN, *Syndic.*

*Registré sur le registre second de la Chambre Royale & Syndicale des Imprimeurs & Libraires de Nancy, fol. 17 verso, N°. 13, à la charge de remettre à la Chambre Royale & Syndicale de Paris ou à celle de Nancy les neuf exemplaires prescrits par l'Arrêt du Conseil du 16 Avril 1787. A Nancy ce 30 Juin 1787.*

P. BARBIER, *Syndic.*

# EXTRAIT DES REGISTRES

## DE L'ACADÉMIE ROYALE DES SCIENCES, ARTS ET BELLES-LETTRES DE NANCY.

*Du 25 Août 1787.*

L'Académie, ſur la demande de M. Sonnini de Manoncourt, a agréé qu'il fît imprimer ſous le privilége de la Compagnie, un ouvrage de ſa compoſition, intitulé : *Mémoire ſur la Culture & les avantages du Chou-Navet de Laponie*, &c. &c. DE SIVRY, *Secrét. Perp.*

Barlet, *S. Directeur.*

www.ingramcontent.com/pod-product-compliance
Ingram Content Group UK Ltd.
Pitfield, Milton Keynes, MK11 3LW, UK
UKHW021818190726
13853UKWH00003B/1044